Modulares Bauen als Lösung für den Wohnungsmangel. Konzepte und deren Umsetzung

Nikolas Bonin

Bibliografische Information der Deutschen Nationalbibliothek:

Die Deutsche Nationalbibliothek verzeichnet diese Publikation in der Deutschen Nationalbibliografie; detaillierte bibliografische Daten sind im Internet über http://dnb.d-nb.de abrufbar.

ISBN: 9783346972194
Dieses Buch ist auch als E-Book erhältlich.

© GRIN Publishing GmbH
Trappentreustraße 1
80339 München

Druck und Bindung: Books on Demand GmbH, Norderstedt Germany
Gedruckt auf säurefreiem Papier aus verantwortungsvollen Quellen

Das vorliegende Werk wurde sorgfältig erarbeitet. Dennoch übernehmen Autoren und Verlag für die Richtigkeit von Angaben, Hinweisen, Links und Ratschlägen sowie eventuelle Druckfehler keine Haftung.

Das Buch bei GRIN: https://www.grin.com/document/1418668

Projektarbeit

Internationale Hochschule Duales Studium

Studiengang: B. Eng. Bauingenieurwesen

Modulares Bauen als Lösung für den Wohnungsmangel – Analyse von Konzepten und deren Umsetzung

Nikolas Bonin

Abgabedatum: 30.09.2023

Inhaltsverzeichnis

Anm. der Red.: Der Anhang wurde aus urheberrechtlichen Gründen entfernt.

Abbildungsverzeichnis

1. Einleitung

Viele Städte und Kommunen kämpfen mit der akuten Herausforderung zunehmender Wohnraumknappheit. Um dieses Problem effizient anzugehen, sind kreative Ideen gefragt. In letzter Zeit wird immer mehr Wert auf den modularen Bau gelegt und darauf, wie er eine praktikable Lösung für den Wohnungsmangel sein könnte. Diese Facharbeit befasst sich ausführlich mit dem modularen Bauen als mögliche Strategie zur Bewältigung der akuten Wohnraumknappheit.

Nach einer kurzen Einführung in die Grundlagen des Modulbaus werden Handlungsbedarf, Ursachen und Auswirkungen der zunehmenden Wohnungsknappheit verdeutlicht. Hervorgehoben werden die Effizienz und die schnelle Schaffung von Wohnraum durch diese Bauweise.

Die potenziellen Vorteile des Modulbaus als Lösung für die Wohnungsnot stehen im Mittelpunkt dieser Arbeit. Verdeutlicht wird unter anderem das enorme Kosteneinsparpotenzial, die positiven Auswirkungen auf Nachhaltigkeit im Sinne des Umweltschutzes sowie die hohe Flexibilität dieser Bauweise. So wird das enorme Potenzial des Modulbaus verdeutlicht und eine vielversprechende Lösung für die aktuelle Wohnungskrise dargestellt.

Allerdings gibt es auch Herausforderungen bei der Umsetzung des modularen Bauens, denen ich mich in dieser Arbeit widmen möchte. Kritische Faktoren sind regulatorische und rechtliche Rahmenbedingungen, die berücksichtigt werden müssen. Auch etwaige Vorurteile oder Abneigungen gegenüber dieser neuartigen Bauweise werden hinterfragt. Es werden Möglichkeiten zur Lösung dieser Schwierigkeiten angesprochen, um praktische Orientierungshilfen zu bieten.

Ergänzend zur Ist-Situationsanalyse werden mögliche Trends und zukünftige Entwicklungen im Bereich des Modulbaus untersucht, um potenzielle Anwendungsbereiche zu identifizieren. Der Blick in die Zukunft ist einer der Schwerpunkte dieser Arbeit.

Es wird ein Ausblick auf weitere Forschungs- und Handlungsoptionen gegeben und die gewonnenen Erkenntnisse in einer prägnanten Zusammenfassung dargestellt.

Diese Facharbeit soll einen fundierten Überblick über das modulare Bauen als vielversprechenden Lösungsansatz für den Wohnungsmangel liefern. Durch die Auseinandersetzung mit den Grundlagen, Herausforderungen, Lösungen und Zukunftspotenzialen möchte ich diesen vielversprechenden Ansatz vorantreiben und eine konstruktive Debatte ermöglichen.

2. Grundlagen

Kernpunkt des modularen Bauens ist die hohe Flexibilität. Durch die Modulbauweise können verschiedene Bauteile standardisiert und untereinander kombiniert werden, was individuelle Raum- und Wohnbedürfnisse erfüllt. Dadurch kann schnell und effizient auf den Bedarf an Wohnraum reagiert werden. Eine weitere Einsatzmöglichkeit des modularen Bauens ist das Errichten temporärer Bauten. Bürogebäude oder Unterkünfte für Menschen in Notsituationen können schnell und einfach geschaffen werden.

Das modulare Bauen beinhaltet verschiedene Methoden, wie zum Beispiel volumetrisches Bauen, bei dem ganze Raummodule vorgefertigt werden. Beim panelisierten Bauen werden einzelne Bauelement wie Wand- oder Dachelemente in der Fabrik oder auch schon durch neuartige Technologien direkt auf der Baustelle produziert. Auf diese Methode werde ich im weiteren Verlauf genauer eingehen. Auch hybride Bauweisen, bei denen unterschiedliche Methoden kombiniert werden, sind möglich.

Ein ausschlaggebender Vorteil des modularen Bauens liegt in der Zeit- und Kostenersparnis. Da die Module weitgehend in einer Fabrik vorproduziert werden, entfällt der Großteil an Bauarbeiten auf der Baustelle. Die Bauzeit verkürzt sich enorm und Kosten können auf das Nötigste reduziert werden. Zudem ermöglicht die Vorfertigung in einer kontrollierten Umgebung, dass eine höhere Präzision und Qualität der Bauelemente erzielt werden kann (The American Institute of Architects, o.D., S. 13).

Neben Effizienz und Flexibilität bietet das modulare Bauen auch ökologische Vorteile. Durch die standardisierte Produktion der Module kann der Material- und Ressourcenverbrauch gegenüber den konventionellen Baumethoden deutlich reduziert werden. Darüber hinaus ermöglicht die Modulbauweise eine bessere Energieeffizienz (ebd.). Auch nachhaltige und neuartige Technologien wie Solarenergie und regenerative Dämmmaterialien lassen sich besser integrieren.

Die Kenntnis dieser Grundlagen ist entscheidend, um Potenziale dieser Bauweise in Bezug auf den aktuellen Wohnungsmangel zu verstehen. In den weiteren Abschnitten werde ich die Ursachen und Auswirkungen des Wohnungsmangels untersuchen und auf ein sehr vielversprechendes Konzept genauer eingehen.

3. Ursachen und Auswirkungen des Wohnungsmangels

Der Mangel an Wohnungen hat in vielen Städten und Regionen weltweit in den letzten Jahren besorgniserregende Ausmaße angenommen und stellt eine große Herausforderung dar. Für Ende 2022 hat das hannoversche Pestel Institut ein Defizit von bundesweit 700.000 Wohnungen ermittelt (Pestel Institut, 2023, S. 12). Die Ursachen für diesen Mangel sind vielfältig und haben weitreichende Auswirkungen auf die Gesellschaft.

Ein wesentlicher Faktor ist das Bevölkerungswachstum und der damit einhergehende Zuzug in die Städte (vgl. Vereinte Nationen, 2018). Städte bieten Arbeits- und Bildungsmöglichkeiten sowie eine Vielfalt an sozialen und kulturellen Angeboten. Dies führt zu einer erhöhten Nachfrage nach Wohnraum, der jedoch in den letzten Jahren nicht in ausreichendem Maße gedeckt werden konnte. Insbesondere in Ballungsräumen nimmt der Druck auf den Wohnungsmarkt kontinuierlich zu (ebd.).

Ein weiterer Faktor ist der Mangel an bezahlbarem Wohnraum. Die steigenden Mieten und Immobilienpreise, in Verbindung mit zuletzt deutlich ansteigenden Zinsen, führen dazu, dass viele Menschen sich keine adäquate Wohnung leisten können. Dies betrifft nicht nur einkommensschwache Haushalte, insbesondere auch die Mittelschicht, die vermehrt von Wohnungsnot betroffen ist (Bundesinstitut für Bauwesen und Raumordnung, 2022, S. 12). Die steigenden Lebenshaltungskosten, insbesondere im Energiebereich, verstärken diese Problematik zusätzlich (Schier & Voigtländer, 2016, S. 29).

Die unzureichende Investition in den Wohnungsbau stellt ebenfalls eine zentrale Ursache des Wohnungsmangels dar. Sowohl die öffentliche Hand als auch private Investoren haben in vielen Fällen nicht genug in den Bau neuer Wohnungen investiert. Dies kann unterschiedliche Gründe haben, wie beispielsweise mangelnde politische Prioritätensetzung oder die Zurückhaltung von Investoren aufgrund hoher Baukosten und geringer Renditen (European Construction Sector Observatory, 2019, S. 48). Die fehlenden Wohnungsbauförderungen und -planungen führt zu einer Diskrepanz zwischen dem steigenden Bedarf und dem tatsächlichen Angebot an Wohnraum.

Die Auswirkungen des Wohnungsmangels sind gravierend und betreffen viele Bereiche des gesellschaftlichen Lebens. Insbesondere einkommensschwache Haushalte haben Schwierigkeiten, angemessenen Wohnraum zu finden und zu bezahlen. Oft müssen Menschen in überfüllten oder unsicheren Wohnverhältnissen leben, was negative Auswirkungen auf ihre Gesundheit und ihr Wohlbefinden haben kann. Der Mangel an bezahlbarem Wohnraum verstärkt soziale Ungleichheit und führt zu sozialen Spannungen sowie zu Konflikten in der Gesellschaft (Vereinte Nationen, 2018).

Um dem Wohnungsmangel entgegenzuwirken und bezahlbaren Wohnraum für alle Bevölkerungsgruppen bereitzustellen, ist es unabdingbar, geeignete Maßnahmen zu ergreifen. Eine vielversprechende Möglichkeit, schnell und effizient Wohnraum zu schaffen, ist das modulare Bauen. In den folgenden Abschnitten werden die Vorteile und Herausforderungen dieser Bauweise sowie deren Umsetzungsmöglichkeiten näher untersucht.

4. Modulares Bauen als Lösung für den Wohnungsmangel

4.1 Prinzip und Vorteile

Das modulare Bauen basiert auf dem Konzept der Verwendung vorgefertigter Module oder Bauteile, die in einer Fabrik oder Werkstatt produziert und dann zur Baustelle transportiert werden. Auch ist es möglich, Bauteile direkt auf der Baustelle zum Beispiel mittels eines mobilen Fertigteil-Werkzeuges (Wandmodultoaster, kurz WMT) herzustellen. Darauf werde ich im Punkt 4.2 genauer eingehen.

Modulares Bauen setzt sich aus mehreren Kernprinzipien zusammen, die in Kombination enorme Vorteile gegenüber konventionellem Bauen aufweisen. Zum einen gilt das Prinzip der Standardisierung. Bauelemente werden in Größen und Formen standardisiert. Dieses Verfahren ermöglicht Wiederholbarkeit und eine bessere Skalierbarkeit von Projekten (The American Institute of Architects, o.D., S. 8). Dazu kommt das Prinzip der Vorfertigung. Die Bauteile werden in kontrollierten Umgebungen, normalerweise in Fabrikhallen vorgefertigt, wodurch die Qualität erhöht werden kann. Auch die Flexibilität und Anpassungsfähigkeit von modular gebauten Gebäuden ist ein Kernprinzip. Module können leicht transportiert werden und an die örtlichen Gegebenheiten angepasst werden. Zudem ist es möglich, ganze Module abzubauen und an anderer Stelle wieder aufzubauen. Dies ist auch in Bezug auf die Nachhaltigkeit solcher Gebäude von Vorteil. Es wird weniger Abfall erzeugt und der Baustellenverkehr wird auf ein Minimum reduziert.

Anm. der Red.: Diese Abb. wurde aus urheberrechtlichen Gründen entfernt.

Abb. 1 (Vonovia, 2016)

Auch der Zeit- und Kostenaspekt spielt eine große Rolle. Dieser wird durch die Vorfertigung und die Reduzierung der Bauzeit auf der Baustelle realisiert. Die Parallelfertigung von Bauteilen spart enorm Zeit. Zudem spielt der Fachkräftemangel an dieser Stelle eine untergeordnete Rolle, da weniger Arbeiter benötigt werden als beim konventionellen Bau.

Ein weiteres wichtiges Thema ist die Technologieintegration. Modulare Gebäude sind hervorragend geeignet, um moderne Technologien zu integrieren und die Energieeffizienz sowie den Komfort für die Bewohner zu verbessern. Erneuerbare Energiequellen und fortschrittliche Isolationsmethoden können nahtlos in modulare Konstruktionen eingegliedert werden.

4.2 Konzept in der Anwendung

Eine Möglichkeit, modulares Bauen zu realisieren ist die Arbeit mit dem bereits angesprochenen Wandmodultoaster (WMT). Dieser ist ein mobiles Fertigteilwerk, das im Unternehmen Nobis Living (Nobis living GmbH, Hannover) entwickelt wurde. Es kombiniert die Vorteile von Wänden aus dem Werk und von Ortbeton. Der WMT wird direkt auf der Baustelle auf 150 Quadratmetern in drei Tagen auf eigens gegossenen Punktfundamente aufgebaut. Mit ihm ist es möglich, größere Mehrfamilienhäuser innerhalb kürzester Zeit in unbewehrter Rohbauweise mit minimalem Ressourcen- und Arbeitsaufwand zu errichten (vgl. Kessler, 2022).

Auch bezüglich der Nachhaltigkeit und der Umweltfreundlichkeit überzeugt das Gerät. Durch eine effiziente Planung wird die Produktion nur auf den wirklichen Bedarf ausgelegt, das spart Ressourcen. Zusätzliche Stahlbewehrungen sind nur für Zugkräfte, die bei dem Herausziehen aus dem Toaster zustande kommen und im Kellergeschoss wegen der anliegenden Druckkräfte, nötig. Dies hat zur Folge, dass

Anm. der Red.: Diese Abb. wurde aus urheberrechtlichen Gründen entfernt.

Abb. 2 (Dilamann, 2019)

die Wände viel dünner sein können, was eine enorme Masse an Beton einspart. Zudem können „alle Rohbauten [...] zu 99 % recycelt werden" (ebd.). Auch der Transport der Wände aus dem Werk zur Baustelle entfällt und damit auch die dabei anfallenden CO_2-Emissionen. Die Wände werden mithilfe eines Krans direkt aus dem WMT an der benötigten Stelle platziert (Abb. 2). Es wird lediglich ein Betonmischer-Fahrzeug benötigt, das den Beton zum WMT auf die Baustelle bringt.

Durch eine eingebaute Luftwärmepumpe kann bei allen Temperaturen betoniert werden. Die Wände werden wie ein Brot „getoastet", woraus sich der Name des Gerätes ableiten lässt. Dieses außentemperaturunabhängige Verfahren spart daher Zeit und Geld. Bis zu zwölf Wände mit einer Dicke von 6 bis zu 40 Zentimetern können gleichzeitig produziert werden (vgl.

Bundesverband Integrales Bauen, o.D.). Dank der Arbeitsplanung direkt vor Ort können kurzfristige Bauplanänderungen sofort umgesetzt werden, was wiederum Ressourcen spart (vgl. Dilamann, 2019). Dies ist bei einer im Werk vorproduzierten Charge nicht möglich.

Die produzierten Wände müssen nicht verputzt werden, da sie gerade und glatt aus dem Toaster kommen. Fenster und Türöffnungen wurden vor dem Betonieren mit Magneten ausgeschalt und sitzen letztendlich an beliebiger Position. Das entstandene KfW 40 EE Plus-Energiehaus hat durch die dünnen Wände 6-10 % mehr vermietbare Fläche als konventionell gebaute Bauwerke. Durch ein abgestimmtes integrale Bausystem werden die auf der Baustelle agierenden Gewerke von 25 auf 11 minimiert (vgl. Bundesverband Integrales Bauen, o.D.). Dies sorgt für eine wesentlich einfachere Koordination und verringert die Bauzeit enorm. Dank Fertigbädern, die als fertiges Modul angeliefert werden, fallen so lästige Fliesenlegungen und diverse andere Badezimmerarbeiten weg.

Das gesamte Baukonzept setzt Benchmarks bei den Themen Nachhaltigkeit und Wirtschaftlichkeit. Mit einfachster Technik und einem System, das sich seit 2017 bewährt hat, wird so dem Wohnungsmangel begegnet. Bauherren profitieren von niedrigen Baukosten, auch in Zeiten von wuchernden Zinsen, die vielen konventionell geplanten Projekten im Wege stehen.

5. Herausforderungen und Lösungsansätze für die Umsetzung von modularem Bauen

5.1 Regulatorische und rechtliche Aspekte

Aufgrund seiner beispiellosen Effizienz, seiner nachhaltigen Eigenschaften und seiner flexiblen Anwendbarkeit gewinnt das modulare Bauen in der heutigen Baubranche immer mehr an Anerkennung. Versprochen werden erhebliche Zeit- und Kosteneinsparungen im Vergleich zu konventionellen Bauweisen. Gleichzeitig sollen vielfältige Gestaltungsmöglichkeiten eröffnet werden. Trotz dieser verlockenden Argumente stehen Bauherren, Planer und Behörden jedoch vor verschiedenen rechtlichen und regulatorischen Herausforderungen im Umgang mit modularem Bauen.

Eine zentrale Problematik ist zweifellos die Einhaltung der baurechtlich bestehenden Normen und Vorschriften. Denn bei der modularen Bauweise weicht man von herkömmlichen Verfahren ab, weshalb die Anwendung bestimmter Vorschriften unsicher erscheinen kann. Um diese Hürde überwinden zu können, ist eine engmaschige Zusammenarbeit zwischen Experten des Modulbaus und den Baubehörden von großer Bedeutung. Dadurch können zum

Beispiel maßgeschneiderte Richtlinien und Standards entwickelt und in die Prozesse eingebracht werden, die eine reibungslose und rechtssichere Anwendung des Modulbaus ermöglichen.

Ein weiteres Hindernis besteht bei der Genehmigung der modularen Bauten. Projekte können möglicherweise Schwierigkeiten verursachen, da die etablierten Verfahren und Prozesse oft nicht optimal auf die spezifischen Anforderungen des modularen Bauens ausgerichtet sind. Aufgrund dessen ist es notwendig, dass die Verantwortlichen für Genehmigungen ein tieferes Verständnis für die Modulbauweise entwickeln um gegebenenfalls Anpassungen in den Genehmigungsprozessen vornehmen. Dies könnten zum Beispiel serielle Baugenehmigungen auf bestimmte Bautypen sein. Der in Deutschland vorherrschende Föderalismus macht dem leider einen Strich durch die Rechnung. Jedes Bundesland und jede Kommune haben unterschiedliche Regelungen und Gesetzgebungen. Hier ist die Politik gefordert, eine einheitliche Bauordnung zu schaffen und damit eine neue Ära des Bauens einzuläuten.

Zudem stellen sich rechtliche Fragen hinsichtlich der Haftung und Gewährleistung. Da modulare Bauteile oft von verschiedenen Herstellern stammen, ist auch im Falle von auftretenden Mängeln oder Schäden die Zuweisung von Verantwortlichkeit oft problematisch. Eine klare Regelung dieser Aspekte ist daher von größerer Bedeutung, um mögliche rechtliche Unsicherheiten zu vermeiden.

Das wichtige Thema Brandschutz spielt auch bei modularen Bauprojekten eine große Rolle. Die unterschiedlichen Materialien, die verbaut werden, und die gesamte Bauweise erfordern eine sorgfältige Analyse und Abstimmung. Die Sicherheit der Gebäude und ihrer Bewohner steht dabei an erster Stelle (Bundesministerium für Umwelt, Naturschutz und Bau, 2015, S. 170). Hier ist die Expertise von ausgebildeten Fachleuten gefragt, um maßgeschneiderte Lösungen anzubieten, die den geltenden Brandschutzbestimmungen in vollem Umfang gerecht werden.

Alle im Bau involvierten Akteure müssen sich den regulatorischen und rechtlichen Herausforderungen stellen, um gemeinsam individuelle Lösungsansätze zu entwickeln. Nur so kann das volle Potenzial des modularen Bauens ausgeschöpft und Bauprojekte erfolgreich umgesetzt werden.

5.2 Akzeptanz und Vorurteile gegenüber modularem Bauen

In den vergangenen Jahren sind immer mehr Akteure zu dem Schluss gekommen, dass das modulare Bauen eine vielversprechende Lösung für den Wohnungsmangel in Deutschland sein könnte. Dennoch sind Fragen zur Akzeptanz und zu etwaigen Vorurteilen gegenüber dieser aufstrebenden Bauweise von besonderer Relevanz und beeinflussen maßgeblich die weitere Verbreitung des Ansatzes und den damit verbundenen Erfolg.

Es gibt ein breites Spektrum von Meinungen, Erfahrungen und Einstellungen sowohl in der Bevölkerung als auch unter relevanten Akteuren wie Architekten, Bauunternehmen und Politikern. Die Befürworter schätzen die hohe Effizienz, die Kosten- und Zeitersparnis, die die Modulbauweise mit sich bringt. Außerdem werden die Flexibilität und Anpassungsfähigkeit der modularen Strukturen oft als positive Eigenschaften hervorgehoben. Insbesondere in Ballungsräumen und Regionen mit akutem Wohnungsmangel soll die Modulbauweise großes Potenzial haben, um den dringend benötigten bezahlbaren Wohnraum kostengünstig zu schaffen.

Trotz dieser positiven Aspekte werden auch oft Vorurteile und Vorbehalte aufgezeigt, die der breiten Akzeptanz im Wege stehen könnten. Die Qualität der modularen Gebäude im Vergleich zu konventionell errichteten Bauwerken wird oft in Frage gestellt. Skeptiker befürchten, dass die Vorfertigung von ganzen Bauteilen zu Kompromissen bei der Qualität und der Bauausführung führen könnte (Bundesministerium für Umwelt, Naturschutz und Bau, 2015, S. 111). Diese Angst hat ihren Ursprung in der damaligen DDR. Die DDR-Regierung ließ landesweit Plattenbauten errichten, die teilweise bis heute stehen.

Anm. der Red.: Diese Abb. wurde au< urheberrechtlichen Gründen entfernt.

Abb. 3 (zeitklicks.de, o.D.)

Leider sehen Plattenbauten nicht besonders ansprechend aus (Abbildung 3), da sie lediglich zum Zweck der schnellen Schaffung von Wohnraum gebaut wurden und die optische Gestaltung untergeordnet war (Holert & Peskes, 2019, S. 53). Um berechtigte Bedenken auszuräumen ist es notwendig, bereits realisierte Projekte zu beleuchten und aufzuzeigen, welche Qualität bereits heute erreicht werden kann. Darüber hinaus werden in Zukunft fundierte Vergleiche, zum Beispiel in Form von Studien unerlässlich sein, um Vorteile repräsentativ nachzuweisen.

Ein weiterer Faktor, der die breite Akzeptanz beeinflusst, sind ästhetische Präferenzen. Viele Menschen haben das Vorurteil, dass modulare Bauten weniger ansprechend aussehen und im Vergleich zu traditionellen Architekturstilen keine innovativen Optiken eingebracht werden können (ebd.). Hierbei spielen das äußere Erscheinungsbild sowie die Integration der modular geplanten Bauten in das städtebauliche Umfeld eine besondere Rolle. Architekten und Stadtplaner haben die Aufgabe, die Gebäude so zu planen und zu gestalten, dass sie sich problemlos in die vorhandene Bausubstanz integrieren lassen.

Eine weitere Herausforderung besteht darin, die unpersönliche Wahrnehmung von Modularität zu überwinden und zu zeigen, dass nicht nur maßgeschneiderte Wohnprojekte, sondern auch modulare Projekte ihren Zweck erfüllen. Die Notwendigkeit, standardisierte Module zu verwenden, kann als Einschränkung für individuelle Gestaltungswünsche empfunden werden. Es ist wichtig, den Mehrwert und die Vielseitigkeit der modularen Bauweise hervorzuheben, um das Bewusstsein für die vielfältigen Gestaltungsmöglichkeiten zu schärfen.

Gezielte Aufklärungsarbeit ist ebenso wichtig wie Informationskampagnen. Dies schafft eine breite Akzeptanz und würde dem modularen Bauen einen enormen Schub geben. Fallbeispiele und Fakten sollen Vorurteile abbauen und Vorteile aufzeigen (ebd.). Parallel dazu sollten auch mehr regulatorische und finanzielle Anreize geschaffen werden, um sowohl Implementierung als auch Akzeptanz des modularen Bauens zu fördern.

Insgesamt zeigen die Bedenken und Vorurteile, dass das modulare Bauen noch nicht in seiner Hochphase angekommen ist. Es wird in Zukunft notwendig sein, Vorurteile abzubauen und gleichzeitig Potenziale dieser zukunftsweisenden Bauweise aufzuzeigen. Nur so kann ein nachhaltiger Beitrag zur Bewältigung der Wohnungsknappheit geleistet werden.

6. Zukunft des modularen Bauens

In Bezug auf Produktionssteigerung und Innovation hängt das gesamte Baugewerbe im Vergleich zu vielen Branchen sehr weit hinterher (vgl. Abb. 4). In der Vergangenheit gab es kein Interesse daran, das Gewerbe zu modernisieren und Techniken, wie zum Beispiel das serielle oder auch modulare Bauen weiterzuentwickeln. Diese träge Entwicklung hat in der Vergangenheit zu Verzögerungen, Kostenüberschreitungen und Ressourcenverschwendung geführt. Als Folge

Anm. der Red.: Diese Abb. wurde aus urheberrechtlichen Gründen entfernt.

Abb. 4 (bauindustrie.de, 2021)

dessen sind konventionelle Baukonzepte den aktuellen Herausforderungen nicht mehr gewachsen.

In diesem Zusammenhang eröffnet das serielle und modulare Bauen neue Perspektiven und Lösungsansätze. Durch die Industrialisierung vieler Bauprozesse bricht man mit den herkömmlichen Methoden und schafft neue Möglichkeiten.

Auch in Zeiten des Klimawandels und der Baustoffknappheit wird die Reduzierung unseres ökologischen Fußabdrucks eine immer wichtigere werdende Rolle einnehmen. In diesem Kontext bietet modulares Bauen enorme Vorteile, wie in Punkt 4.1 bereits erwähnt. Der verstärkte Einsatz recycelter Materialien und die Nutzung erneuerbare Energiequellen sind anzustreben, um Umweltauswirkungen weiter zu minimieren. Der Einsatz des vorgestellten Wandmodultoasters bietet eine Möglichkeit, beide Ziele zu erfüllen. Durch optimale Nutzung eines Wärmedämmverbundsystems, die hohe Speichermasse der Betonfertigteilwände, sowie durch den Einsatz von Fotovoltaikanlagen und Luftwärmepumpen lässt sich ein Gebäude energieeffizient betreiben: Der „Nobis Hof", ein Mehrfamilienhaus mit 56 Wohnungen, das nach dem unter 4.2 angesprochenen Konzept gebaut wurde, spart im Jahr so viel CO_2 ein, wie 115 Einfamilienhäuser verbrauchen (vgl. Bundesverband Integrales Bauen, o.D.). Dieses Bauprojekt zeigt, dass Innovation wirklich was bewirken kann.

Das modulare Bauen wird in Zukunft auch immer mehr Kapital anziehen, das derzeit aus der Baubranche abfließt. Hohe Zinsen und Baukosten schrecken Investoren ab, sodass weniger Projekte realisiert werden können. Traditionelle Bauweisen und -prozesse haben in der Vergangenheit häufig zu Verzögerungen und Budgetüberschreitungen geführt. In den letzten drei Jahren sanken die Baugenehmigungen von rund 34.000 pro Monat auf 21.000 (The Pioneer, 2023). Dies zeigt den prognostizierten Trend deutlich. Durch das modulare Bauen könnten die Kosten besser kontrolliert werden, die Rentabilität des Bauprojektes erhöht sich so enorm. Investoren begrüßen die hohe Planungssicherheit und fördern damit das Wachstum der Baubranche und mehr benötigte Wohnungen würden gebaut werden. „Aus Planungssicherheit folgt nämlich Investition, daraus Ertrag, Wohlstand und sozialer Friede." (HAUFE., 2019, S. 13).

Ein weiterer entscheidender Faktor ist, dass über 60 Prozent der Bauunternehmer unter 50 Beschäftigte haben (statista, 2021). Das Konzept des modularen und seriellen Bauens würde diesen Unternehmen den Zugang zu neuen Märkten ermöglichen, und so neue Chancen eröffnen, die sie zuvor aufgrund begrenzter Ressourcen nicht erschließen konnten. Das würde zur Diversifizierung der Akteure beitragen und so den Wettbewerb fördern.

7. Fazit und Ausblick

Die Analyse des Konzepts modulares Bauen hat gezeigt, dass diese Bauweise das Potenzial hat, die Wohnraumknappheit zu verringern. Evident dabei sind die Vorteile wie Effizienz in der Bauzeit, Flexibilität in der Gestaltung und natürlich die Nachhaltigkeit.

Dennoch sind auch Herausforderungen erkennbar, insbesondere in Bezug auf Kostenstrukturen, Bauvorschriften und die immer noch teils niedrige Akzeptanz in der Gesellschaft. Es muss jedoch betont werden, dass der modulare Aufbau insbesondere in einem zunehmend urbanisierten und ressourcenbeschränkten Umfeld weiterhin vielversprechend ist.

Der Ausblick in die Zukunft ist daher aussichtsreich. Durch die zunehmende Integration von modernen Technologien wie BIM (Building Information Modeling) oder auch 3D-Druck mit verbesserten Materialien ist es möglich, die Effizienz und Nachhaltigkeit weiter zu steigern. Dabei ist zu hoffen, dass Regierung und Bauindustrie mehr zusammenarbeiten, um die bisherigen Hindernisse zu überwinden.

Innovative Baukonzepte wie der Wandmodultoasters zeigen, dass in Zukunft ein vielfältiges Angebot von seriell und modular gebauten Wohnungen entstehen könnte. Diese könnten sowohl den Bedürfnissen der Bevölkerung entsprechen, also bezahlbar und sicher sein, als auch den Umweltzielen gerecht werden. Die gesamte Branche ist gezwungen, bisherige Konzepte infrage zu stellen.

Insgesamt zeigt die Analyse, dass modulares Bauen eine vielversprechende Antwort auf den Wohnungsmangel sein kann. Wir Akteure sollten diese Möglichkeit weiterentwickeln und die aktuelle Wohnraumproblematik als Chance für mehr Nachhaltigkeit und auskömmliche Renditen begreifen.

8. Literaturverzeichnis

Bauindustrie (2022): *Produktivität im Bau(haupt-)gewerbe – ein statistischer Befund* [online] https://www.bauindustrie.de/zahlen-fakten/auf-den-punkt-gebracht/produktivitaet-im-bauhauptgewerbe [abgerufen am 16.09.2023]

Bundesinstitut für Bauwesen und Raumordnung (2022): *Serielles und modulares Bauen in der Praxis* [online] https://www.bbsr.bund.de/BBSR/DE/veroeffentlichungen/sonderveroeffentlichungen/2022/serielles-modulares-bauen-praxis-dl.pdf?__blob=publicationFile&v=2 [abgerufen am 04.07.2023].

Bundesinstitut für Bauwesen und Raumordnung (ohne Datum): *Deutsche Wohnungs- und Immobilienmärkte: zwischen Wachstum und Schrumpfung* [online] https://www.bbsr.bund.de/BBSR/DE/startseite/topmeldungen/wohnen-immobilien-bericht.html [abgerufen am 30.06.2023].

Bundesministerium für Umwelt, Naturschutz und Bau (2015): *Bericht der Baukostensenkungskommission im Rahmen des Bündnisses für bezahlbares Wohnen und Bauen* [online] https://www.zukunftbau.de/fileadmin/user_upload/05_KostBau/Baukostensenkungskommission/baukostensenkungskommission_Endbericht_2015.pdf [abgerufen am 04.07.2023].

Bundesverband Integrales Bauen (ohne Datum): *Technische Lösungen.* [online] https://bin-bau.de/technische-loesungen/ [abgerufen am 20.07.2023].

Dilamann, Natali (2019): *Serielle Wandproduktion direkt auf der Baustelle,* in Allgemeine Bauzeitung, 21.02.2019 [online] https://allgemeinebauzeitung.de/abz/innovative-technologie-serielle-wandproduktion-direkt-auf-der-baustelle-28676 [abgerufen am 05.07.2023].

European Construction Sector Observatory (2019*): Analytical Report: Housing affordability and sustainability in the EU*, Erfurt, Deutschland: Springer.

The American Institute of Architects (ohne Datum): Design for modular construction: an introduction for architects https://content.aia.org/sites/default/files/2019-03/Materials_Practice_Guide_Modular_Construction.pdf [abgerufen am 30.08.2023].

The Pioneer (2023): *Weniger Baugenehmigungen* https://www.thepioneer.de/graphics/weniger-baugenehmigungen [abgerufen am 16.09.2023].

HAUFE. (2019): *Wirtschaftlichkeit steht über Klimaschutz* https://www.haufe.de/download/immobilienwirtschaft-122019012020-immobilienwirtschaft-fachmagazin-fuer-management-recht-praxis-505830.pdf [abgerufen am 03.07.2023].

Holert, Jeannine/Peskes, Markus (2019): *Chancen und Risiken von seriellem und modularem Bauen am Beispiel des Segments Mikro-Apartments als neuen Trend der Immobilienwirtschaft* [online] https://www.econstor.eu/bitstream/10419/202545/3/Chancen-und-Risiken-von-seriellem-und-modularem-Bauen-am-Beispiel-des-Segments-Mikro-Apartments-als-neuen-Trend-der-Immobilienwirtschaft_vfinal.pdf[abgerufen am 03.07.2023].

Kessler, Frank (2022): *Revolution auf der Baustelle: Bauen mit Wandmodultoaster*, Meistertipp, [online] https://www.meistertipp.de/aktuelles/news/revolution-auf-der-baustelle-bauen-mit-wandmodultoaster [abgerufen am 06.07.2023].

Pestel Institut GmbH Hannover (2023): *Bauen und Wohnen in der Krise Aktuelle Entwicklungen und Rückwirkungen auf Wohnungsbau und Wohnungsmärkte*, [online] https://www.mieterbund.de/fileadmin/public/Studien/Studie_-_Bauen_und_Wohnen_in_der_Krise.pdf [abgerufen am 07.09.2023].

Schier, Michael/Michael Voigtländer (2016): *Soziale Wohnraumförderung auf dem Prüfstand, IW-Trends - Vierteljahresschrift zur empirischen Wirtschaftsforschung* [online] https://www.econstor.eu/bitstream/10419/157220/1/IW-Trends_2016-01-02.pdf [abgerufen am 30.06.2023].

statista (2021): *Verteilung der Beschäftigten im Bauhauptgewerbe in Deutschland nach Betriebsgröße im Jahr 2021* [online]https://de.statista.com/statistik/daten/studie/252420/umfrage/beschaeftigtenstruktur-im-bauhauptgewerbe-in-deutschland/ [abgerufen am 27.06.2023].

Vereinte Nationen (2018): *68% of the world population projected to live in urban areas by 2050, says UN*, UnitedNation [online] https://www.un.org/development/desa/en/news/population/2018-revision-of-world-urbanization-prospects.html [abgerufen am 29.06.2023].

Vonovia (2016): *Serielles Bauen bei Vonovia*, Youtube 14.12.2016, 1 Minute und 36 Sekunden [online] https://www.youtube.com/watch?v=xx79UkSPB-o [abgerufen am 08.09.2023].

Zeitklicks (ohne Datum): *Plattenbau* [online] https://www.zeitklicks.de/ddr/kultur/architektur/plattenbau [abgerufen am 21.08.2023].

www.ingramcontent.com/pod-product-compliance
Lightning Source LLC
LaVergne TN
LVHW041818190726
843493LV00009B/2948